♥ 可愛限定！

超有愛
寶貝圍兜兜&布小物

深夜工房 **Joanna**——著

作者序

　　回想起我離開學校後第一次付費在外面上的縫紉課，是一堂嬰兒鞋的課程，服裝科系畢業的我，求職後為生活汲汲營營，縫紉機曾放到壞掉！

　　頭胎懷了女兒之後，開始幻想著女兒能穿著自己裁製的洋裝，挺著肚子爬上沒有電梯的公寓四樓，一針一線的為她手縫一雙巴掌大的嬰兒鞋，情景歷歷在目。於是，我買下人生中的第二台縫紉機，圍兜、布球、安撫巾，到大一點時穿戴的帽子、雨衣、畫畫衣……一件件重拾縫紉的樂趣。

　　八年育兒的過程，累積了大量的作品，作品也跟著孩子一天一天長大了。這本書，我想分享這些陪著孩子成長的手作，從新生、彌月、收涎、幼兒園……涵概學齡前的實用、簡單，可愛的作品。新手媽媽手縫也能完成，兼具造型及功能。泡點茶、來點音樂，享受手作的時光吧！拿起針線，不用太多的技巧，只有滿滿的愛，就足以療癒日常的疲憊。

　　感謝一路相挺的家人，父母弟妹們都在我忙碌時幫我帶過孩子；也感謝大風文創出版社的鼎力相助，才能順利完成這本書。最後更要向深夜工房的粉絲及讀者們深深一鞠躬，各位的每一個回應都是支持我持續創作的最大動力。

P r o l o g u e

C o n t e n t s

目錄

開始製作之前

材料與工具

布料

棉布

多半做為表布用途，印花布可直接使用，素色可多準備一些常用的顏色做貼布縫使用。

紗布

依紗布層數有二重、三重、四重、六重之分別，表面有印花的紗布可做為表布使用，素面的紗布多做芯布使用。六重紗直接滾邊即可。

鬆餅布

又稱蜂巢布，是一種針織布，有獨特的立體結構，澎鬆又保暖，可做底布、裡布或直接做冬季的童衣。

針織布

有不同的組織及厚度，BABY用品選用雙面布較合適，單面布多用在夏季服裝。

法蘭絨、刷毛布

在布的表面做刷磨處理，產生微起毛的效果，增加保暖性及舒適度。只有純棉的刷毛布才能稱為法蘭絨。

豆豆氈、絨毛布

將針織布料的線圈(LOOP)修剪定型成長毛絨布，裁剪時需注意絨毛的方向。

工具

①水消筆、②自動筆芯、③布用自動鉛筆、④鉄筆、⑤粉土筆、⑥骨筆、⑦油性記號筆

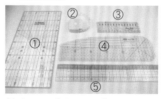

①裁尺、②捲尺、③縫份尺、④熨燙尺、⑤方格尺

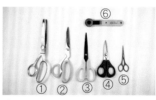

①鋸齒剪、②布剪、③紙剪、④牙口剪、⑤線剪、⑥輪刀

①手縫線、②車縫線、③貼布縫線、④繡線、⑤針盒、⑥刺繡針、⑦手縫針、⑧貼布縫針、⑨車針

①返裡鉤、②填棉棒、③錐子、④拆線刀、⑤滾邊器、⑥穿帶夾、⑦安全別針

①布用口紅膠、②布用強力膠、③待針（珠針）、④磁針盒、⑤強力夾

①複寫紙、②砂板、③點線
器、④紙鎮

①止汗帶、②鬆緊帶、③手夾
鉗

紙型符號		
	———————————	完成線
	- - - - - - - - - - -	布料摺雙裁剪
	—— ·· —— ·· —— ··	貼邊線
	◀————————▶	直布紋記號
	⤧	斜布紋記號
	▨	褶子倒向 由斜線高的一方往低方向摺疊對齊
	∟	直角記號
	+	釦子位置
	⊖	合印：車縫時的對合記號
	④ 、 ⑴.⑸ 、 ①	為指定需外加的縫份，紙型上若未特別註明，皆為 1cm。

材料表使用說明

成品的尺寸

請依所附的紙型裁剪，部份紙型只
需先預裁為適當尺寸即可。

材 料 （完成尺寸 90cm）

材料名稱	部位	尺寸	數量	備註
表布 (超細纖維、法蘭絨、毛料)	前片	紙型	2	用布料 150×50 依順毛方向裁剪
	後片	紙型	1	
	帽子	紙型	2	
	釦環	10×4	1	
	耳朵	紙型	2	預裁 30×7
裡布 (長毛絨、豆豆絨)	前片	紙型	2	用布料 150×50 依順毛方向裁剪
	後片	紙型	1	
	帽子	紙型	2	
釦子		3cm	1	

寬 × 高
後者尺寸是直布紋

絨毛布會特別標
示「順毛」，即
用手撫摸時毛是
順向的，方向錯
誤會影響穿著舒
適度。

此為裁片或材料
數量

材料皆可替換，沒有 A 就用 B，
可自行變通。

單位：公分。依標示尺寸裁剪，已含縫份為 1cm。

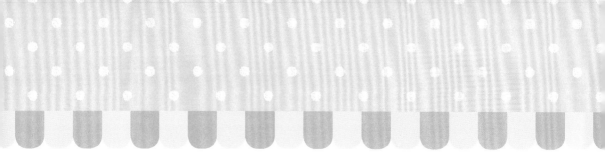

part 1

造型圍兜兜

圍兜兜是寶寶的首場時尚體驗,無論是派對、休閒,還是家居,絕對有一款與寶寶最速配。運用書中提供的原型及技法,即使拿掉浮誇的裝飾造型,挑一塊喜歡的布料,也能簡單完成作品。

小紳士圍兜

在重要的日子裡，寶寶也想隆重的打扮一番，穿上正式的禮服，連吃飯時也不能馬虎才不會把漂亮的衣服弄髒喔！

»» How to Make： P.08

材料 （完成尺寸：22.5×28cm）

材料名稱	部位	尺寸	數量	備註
表布 (棉布)- 黑	表層	紙型	1	預裁 26×32
	領子	紙型	2	預裁 25×25
配色布 A- 白	門襟	紙型	1	預裁 5×20
配色布 B- 條紋	襯衫	紙型	2	預裁 4×20
配色布 C- 紅	領結	9×10	1	
		4×4	1	
芯布 (二重紗、三重紗)	中層	26×32	1	
底布 (棉布、毛巾布)	底層	26×32	1	
薄布襯	領子	12×24	1	
釦子 - 黑	門襟	0.7	3	
塑膠四合釦	頸帶		1	

How to make

01 領子布對摺，半面燙薄布襯，畫上兩個方向相反的領子。

牙口

02 沿外圍車縫，直線的一邊不縫，留縫份後剪下領片（修尖角縫份，凹角剪牙口）。

03 翻回正面，完成 2 片領片。

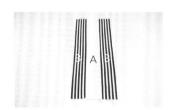

04 配色布 A 及 B 交錯車縫成一片，縫份倒向中心，做成襯衫。

05 領片與襯衫正面相對車縫，左、右各車縫一片。

06 表層布背面描出完成線，將襯衫的位置剪掉（需保留縫份），剪開成 2 片，分別接縫在領片的兩邊，縫份倒向領片。

07 表層布和底布正面相對，底下再疊一層芯布，三層一起車縫，並留返口。

08 剪下圍兜，弧度處打缺口（剪牙口）。

09 由返口翻回正面，縫合返口。

基本型圍兜的車縫

10 9×10 的領結布長邊對摺車縫，中間留返口。

11 縫份移至中間並燙開，兩端車縫。

12 由返口翻回正面，中間縮縫成蝴蝶結。

13 4×4 的布 3 摺成長條，圍在蝴蝶結的腰身處手縫縫合。

14 將蝴蝶結及釦子縫在圍兜上，並在頸帶上安裝四合釦即完成。

淑女泡泡圍兜

專為特別日子準備的華麗款圍兜，穿新衣戴新帽的時候，圍兜也要整體搭配喔！

»» How to Make：P.11

材料 （完成尺寸：22×35cm）

材料名稱	部位	尺寸	數量	備註
表布 (棉布)	表層	紙型	1	預裁 26×26
	荷葉邊	7.5×45	1	裁下整個幅寬先
	荷葉邊	7.5×65	1	不裁開
芯布 (二重紗、三重紗)	中層	26×26	1	
底布 (棉布、二重紗)	底層	26×26	1	
	裡裙	45×12	1	
蕾絲	門襟	4×8	1	
	袖子	3×28	2	
	裙襬	7×45	1	
緞帶	腰帶	1.5×100	1	
塑膠四合釦	頸帶		1	

How to make

01 裡裙的二重紗及裙襬的蕾絲面對面車縫，布邊拷克，左右兩端三摺邊車縫。

02 縫份倒向二重紗，正面壓線。

03 先將荷葉邊布的一側長邊三捲邊車縫。

三捲邊車縫
示範影片

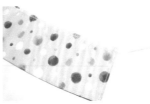

04 再將荷葉邊裁成45、65兩段，左右的短邊三摺邊車縫，另一長邊拷克。

05 將針距調到 0.4cm，沿著拷克的長邊 0.5 及 0.7 各車縫一道，頭尾車線需各多留 10cm 才能調整褶份。

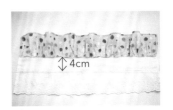

06 同時拉住一面的車線，將 65cm 的荷葉邊抽細褶成和裡裙同寬，如圖倒過來車縫固定在距離下襬蕾絲 4cm 的位置。

心花朵朵開圍兜兜

可愛又帶著浪漫氛圍的圓弧基本型圍兜，只有
簡單的蝴蝶結裝飾做為觸覺材質，是一款容易
完成又實用的圍兜。

»» How to Make：P.15

材料（完成尺寸：24×29cm）

材料名稱	部位	尺寸	數量	備註
表布 (薄棉、二重紗)	表層	紙型	1	預裁 30×38cm
	蝴蝶結	10×10	1	
	腰帶	4×4	1	
芯布 (二重紗、三重紗)	中層	紙型	1	預裁 30×38cm
底布 (薄棉、二重紗)	底層	紙型	1	預裁 30×38cm
四合釦	釦子		1 組	或以魔鬼氈替代

How to make

01 將預裁的表布及芯布疊放在一起，四周疏縫。

02 紙型放在芯布那一面描出完成線。

03 底布和表布正面相對，沿完成線車縫一圈，並留一個返口。

04 將圍兜剪下，有弧度的地方要剪成缺口，弧度的轉角要剪一刀到距離完成線 0.1cm 的地方，翻出來的弧度才會漂亮。

05 燙摺返口的縫份。

06 從表布及底布之間將圍兜翻出正面，整燙形狀後縫合返口。

愛乾淨吃飯衣

週歲後的寶寶開始練習吃飯,總是吃的滿身都是,穿上大面積的圍兜,讓寶寶盡情地舞叉弄匙,可以從背面翻出的口袋也能盛接掉下來的食物。採用防水的材質製作,方便擦拭、沖洗,也不必擔心湯汁浸濕衣服。

»» How to Make: P.23

材料 （完成尺寸：30×32cm）

材料名稱	部位	尺寸	數量	備註
表布 (傘布、薄防水布)	衣身	紙型	1	預裁 35×50cm
	口袋	紙型	1	不必留縫份
滾邊條	滾邊	4cm	3Y	(Y= 碼)

How to make

01 表布預裁 35×50cm，如圖往上摺 11cm。

02 放上紙型，摺返線對齊 11cm 處。

03 依紙型裁下衣身及口袋布，不必留縫份。

04 口袋布的上緣車縫滾邊。

05 翻到背面，包摺滾邊布，需蓋住車縫線。

06 從正面壓線，車縫滾邊布。

07 領圍車縫滾邊布，車縫時要將滾邊布拉緊到立起來的狀態。

08 整理好滾邊布後以強力夾固定，從正面壓線 0.1cm。

09 以同樣方式完成袖籠的滾邊。

10 步驟 6 製作好的口袋放在衣身布的背面。

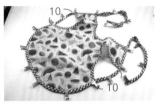

11 從肩膀處開始車縫滾邊，前端要留 30cm 做為綁繩，兩邊袖籠留 10cm，下襬圓弧處要將滾邊布放鬆車縫。末端也要留 30cm。

12 完成的吃飯衣。

13 穿著時背後綁蝴蝶結固定。

14 翻出口袋時，口袋會有立體感。

滾邊車縫

小象捲捲
小獅王鬃鬃
狐狸笑笑圍兜

小象捲捲圍兜

利用大象長鼻子的造型，結合圍兜及奶嘴鍊，立體的耳朵及象牙都有觸覺的功能，眼睛巧妙的利用釦子，有畫龍點睛的效果。

»» How to Make：P.27

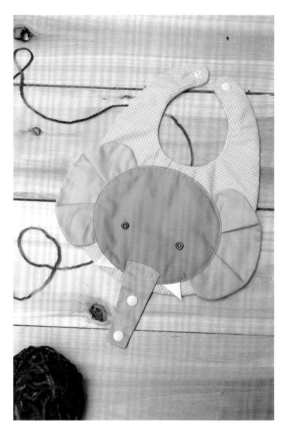

材料（完成尺寸：25.5×35cm）

材料名稱	部位	尺寸	數量	備註
表布 (薄棉)	表層	25×33	1	
	象牙	5.5×5.5	2	
	耳朵	依紙型	2	預裁 20×30
	臉	依紙型	1	預裁 18×16
	鼻子	依紙型	1	預裁 12×12
芯布 (二重紗、三重紗)	中層	25×33	1	
底布 (棉布、二重紗、鬆餅布)	底層	25×33	1	
釦子或珠子	眼睛	0.5cm	2 個	
塑膠四合釦	頸帶、奶嘴帶		2 組	

01 將表布正面朝上，布用複寫紙正面向下疊在一起，上面再放紙型及一張透明的塑膠袋。

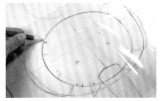

02 以鐵筆或沒有水的原子筆描繪貼布縫的圖案，塑膠袋的功能是避免劃破紙及複寫紙。

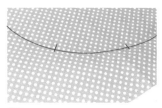

03 記號點也要仔細做出來。

04 5.5 正方的象牙布對摺再對摺。

05 再對角摺成三角形成為象牙。

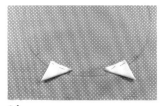

06 將象牙疏縫固定在表布象牙的位置上。

07 耳朵的布先不裁剪，對摺後畫出兩片耳朵，沿外圍弧度車縫兩隻耳朵。

08 預留縫份剪下兩片耳朵，圓弧處剪成缺口（牙口）。

09 由返口翻回正面，標出褶份記號。

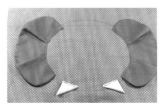

10 將耳朵固定在表布耳朵的記號位置上。

11 大象的臉四周留 1cm 縫份剪下。

12 以平針縫的方式縮縫。

13 將大象的臉固定在表布的位置上，以貼布縫或車縫固定。

14 鼻子四周車縫並在直線的地方留返口，四角修成斜角，圓弧處剪成缺口（牙口），翻回正面。

15 將鼻子固在臉下方的位置上。

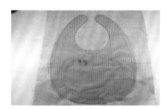

16 翻到表布的背面，用紙型描出圍兜的完成線。

17 表布及底布正面相對疊好，表布上的鼻子先向內摺起，底布下方再疊放一層三重紗做為芯布。

18 將三塊布固定好確保不會移動，準備車縫。

19 以均衡送布壓腳進行車縫，並在線條較平直的位置留返口。

20 以鋸齒剪刀將圓弧處剪成缺口，返口處保留直線即可。

21 從表布及底布之間翻出正面，整燙，縫合返口。

22 以釦子當成眼睛縫上。在頸帶、奶嘴帶的適當位置釘上塑膠四合釦，即完成。

小獅王鬃鬃圍兜

以隨意畫出的曲線呈現獅子的鬃毛，
不對稱的隨興手繪，別有風格。

>> How to Make：P.30

29

材料 （完成尺寸：22×30cm）

材料名稱	部位	尺寸	數量	備註
表布 A(薄棉)	頸帶	7×45	1	
	鬃毛	紙型	2	
表布 B(薄棉)	耳	紙型	2	預裁
表布 C(薄棉)	臉	紙型	1	預裁
表布 D(薄棉)	鼻子	紙型	1	兩側留縫份 0.3
表布 E(薄棉)	鼻頭	紙型	1	留縫份 0.3
芯布 (二重紗、二重紗)	中層	30×30	1~2	
底布 (鬆餅布、毛巾布)	底層	30×30	1	
繡線	嘴	適量	3 股	
黑色釦子	眼睛	1cm	2	
鬆緊帶	頸帶	0.8×27	1	

How to make

01 頸帶布對摺車縫長邊。

返裡鉤

02 用返裡鉤將頸帶翻出。

穿帶夾

03 鬆緊帶一端別上別針、另一端以穿帶夾固定，穿過頸帶。

04 將頸帶頭尾疏縫固定，完成頸帶。

05 將耳布對摺，描上紙型。

返口

06 車縫耳布圓弧處，並剪下，圓弧處要剪缺口（牙口）。

07 耳朵翻回正面備用。

08 表布 C 描上臉的版型，以繡線繡出嘴的線條。

09 將鼻子以貼布繡方式（可參考 P.35 步驟 09）縫在臉上。

手縫貼布繡

10 縮縫表布 E，做成鼻頭。

11 將鼻頭縫合在臉上。

12 奇異襯描出臉的版型，留 0.5 縫份後剪下，燙在臉的背面，將臉沿完成線剪下。

13 表布 A 描上頭的版型及隨意畫出鬃毛的線條。

14 手縫鬃毛的線條或以自由曲線車縫。

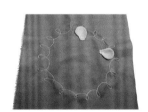

15 將耳朵固定在記號位置上。

16 撕開奇異襯的背膠,將臉燙在鬃毛上。

17 使用縫紉機的 Z 字縫功能,車縫臉一圈完成貼布繡。

18 將頸帶固定在鬃毛上。

機縫貼布繡

19 將鬆餅布、三重紗依序疊好,最上層正面相對疊上表布。

返口
20 三層一起車縫,並留返口。

21 剪下圍兜,圓弧處要剪缺口,弧度往內的地方要剪牙口到距離完成線 0.1cm 的位置。

22 翻回正面,縫合返口,縫上眼睛,即完成。

狐狸笑笑圍兜

狐狸慧黠靈活的形象，是近來非常受歡迎的款式，採用明亮的色系，無論男生、女生都很適合。以釦子做成鼻子，有畫龍點睛的效果。

»» How to Make：P.34

材料 （完成尺寸：24×21cm）

材料名稱	部位	尺寸	數量	備註
表布 A(薄棉)	頸帶	7×45	1	
	耳朵 - 表層	紙型	2	預裁 15×7，燙薄襯
	頭	紙型	2	下緣留縫份 0.3、上緣粗裁
表布 B(薄棉)	臉	紙型	1	預裁 30×30
	耳朵 - 裡層	紙型	2	預裁 15×7
芯布 (二重紗、三重紗)	中層	27×27	1~2	
底布 (鬆餅布、毛巾布)	底層	27×27	1	
繡線	眼睛	適量	3 股	
紅色釦子	鼻	1.5cm	2	
鬆緊帶	頸帶	0.8×27	1	
薄布襯	耳朵	15×7	1	

How to make

01 頸帶布對摺車縫長邊。

02 用返裡鉤將頸帶翻出。

03 鬆緊帶一端別上別針、另一端以穿帶夾固定，穿過頸帶。

04 將頸帶頭尾疏縫固定，完成頸帶。

05 取耳朵表層用的預裁 A 布燙薄襯，描上 2 個耳朵的版型。與預裁的耳朵裡層用 B 布正面相對一起車縫弧度處。

06 預留縫份並剪下，弧度處剪缺口。

07 耳朵的 1/3 處對摺，疏縫固定完成耳朵，方向需一左一右。

08 將頭的配布依紙型描繪，下緣弧度留 0.3cm 縫份，上緣粗裁即可。並將頭的配布以珠針固定在臉上。

09 以貼布繡方式縫合頭下緣及臉。

10 完成貼布繡之後，將頭配布上緣疏縫在臉布上。

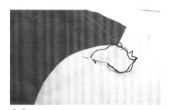

11 繡線縫上眼睛。

12 將耳朵方向相反、面對面固定在頭上。

13 將頸帶固定在耳朵之上。

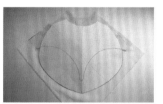

14 翻到背面，放上紙型，描出完成線。

15 依次疊好鬆餅布（底布）、三重紗（芯布），表布正面向下，疊放在最上層。底布與表布正面相對。

16 三層一起車縫，並留返口。

17 剪下圍兜，圓弧處要剪缺口。

18 由返口翻回正面，整燙後縫合返口，縫上釦子當鼻子，即完成圍兜。

火箭發射圍兜
幽浮出沒包臀褲

火箭發射圍兜

簡單的色塊拼接出火箭的造型，以織帶表現升空時的火焰，兼具奶嘴鍊帶的作用，不僅逼真，也有實用的功能。

材料 （完成尺寸：21.5×29cm）

材料名稱	部位	尺寸	數量	備註
表布 A(薄棉)	表層	紙型	1	預裁 26×35
表布 B(薄棉)- 藍	機翼	紙型	2	預裁 15×7
表布 C(薄棉)- 黃	機頭	紙型	1	預裁 9×4
表布 D(薄棉)- 白	機身	紙型	1	預裁 9×9
表布 E(薄棉)- 橘	機身	紙型	1	預裁 9×4
表布 F(薄棉)- 紅	機身	紙型	1	預裁 9×4
芯布 (二重紗、三重紗)	中層	26×35	1~2	
底布 (鬆餅布、毛巾布)	底層	26×35	1	
釦子	窗戶	1.5cm	1	
織帶	火焰 + 奶嘴帶	1.5×15	1	
	火焰	1.5×10	2	
塑膠四合釦	頸帶、奶嘴帶		2 組	

材料 （完成尺寸：28×22cm）

材料名稱	部位	尺寸	數量	備註
表布 (薄棉)	前片	紙型	2	
	後片	紙型	2	
配布 A(薄棉)- 駕駛倉		紙型	1	預裁 10×4
配布 B(薄棉)- 駕駛倉		紙型	1	預裁 10×4
配布 C(薄棉)- 駕駛倉		紙型	1	預裁 10×6
配布 D(薄棉)- 機身		紙型	1	預裁 18×10
配布 E(薄棉)- 天線		紙型	1	預裁 4×3
繡線	天線		2 股	
織帶	機輪	1×4	2	
鬆緊帶	褲腳	0.8×25	2	
	腰圍	0.8×45	2	

How to make

01 褲子的前、後片共4片，先將脇邊線事先拷克。

02 2片後片正面相對，車縫股上，並拷克布邊；前片以同樣方式車縫及拷克。

03 在後片的中間描出幽浮的輪廓線。

04 以繡線繡出幽浮的天線，並將織帶對摺後疏縫在幽浮底部。

05 駕駛艙的 A、B、C 布平行合併車縫在一起。

06 將幽浮的版型分別剪下。

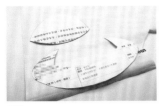

07 將版型翻到反面描在奇異襯的紙面上。

08 將奇異襯上的版型剪下，四周需多留 0.5cm。

09 將奇異襯的膠面燙在布上。

10 將燙上奇異襯的布剪下，駕駛艙及機身重疊處要多留至少 0.5cm 的份量。

11 撕掉奇異襯背面的紙即出現有黏性的膠面。

12 將圖案下層的機身先黏在褲子的後片預定的位置上。

13 使用圖中 8 號的 W 縫模式。

14 將寬度調到 3mm、針距調到 1.5mm。

15 貼布繡時請更換成透明壓腳，便於看清楚布邊。

16 沿布邊開始貼布縫。

17 車縫結束時將線拉到背面打結。

18 接下來在機身疊上幽浮的駕駛艙，同樣做貼布繡。

19 前片及後片正面相對，脇邊對齊車縫起來，在其中一邊的脇邊摺返處留腰帶的鬆緊帶穿口。

20 兩脇邊褲腳的摺返處留下襬的鬆緊帶穿口。

21 下襬縫份預先燙摺。

22 車縫胯下。

23 車縫下襬。

24 兩邊褲腳由穿口穿入鬆緊帶，車縫固定穿口。

25 燙摺腰圍縫份。

26 腰圍車縫兩道車線。

27 腰圍由穿口穿入 2 道鬆緊帶，車縫固定穿口即完成。

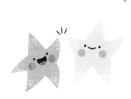

天使心圍兜 *
* 荷葉搖搖小褲

43

麋鹿圍兜
聖誕老人圍兜
聖誕老人耍酷褲

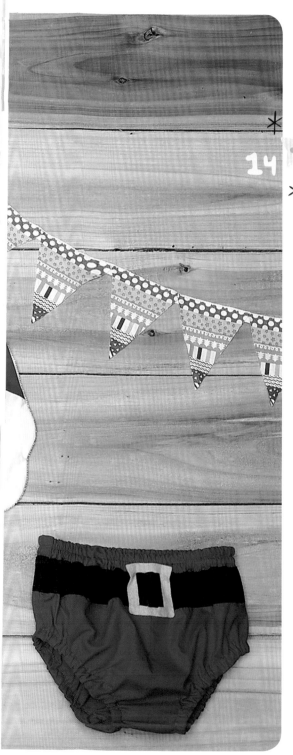

14

麋鹿圍兜

以鹿角化身圍兜的設計趣味十足，耳朵做成立體的造型，並以釦子代替眼睛，增加觸感。快跟著聖誕老人一起送禮物去！

»» How to Make：P.52

19 扭轉旋風帽

只需使用彈性布，不必任何基礎、縫紉技巧，甚至其他材料，簡單到只要會縫直線即可完成的超有型無邊帽。
輕軟的造型很適合隨身攜帶在媽媽包裡給寶寶保暖用。

»» How to Make： P.65

材料

材料名稱	部位	尺寸	數量	備註
彈性布 (針織布、絨毛布)		如下 尺寸表	1	需依布料厚度及彈性 斟酌增減尺寸。

尺寸

年齡	1 歲	2~3 歲	4~5 歲	5~6 歲	6~7 歲	成人
頭圍	48	50	52	54	56	58
布寬	41	43	46	50	52	55
布高 (直布)	35	37	40	42	44	48

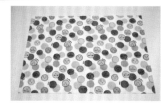

01 彈性布依布紋裁剪方正。

02 左右對摺，直布紋方向車縫。

03 將縫份燙開，將車縫線移到中間。

04 如圖，將布右下的角拉到左上的角對齊。

05 再將右上的角拉到左下的角對齊。

06 拉開布，確認上下共有4層。

07 將最上面及最下面的2層布對齊夾好開始車縫。

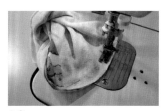

08 邊車縫邊將布對齊，直到車完一圈，需留返口。

09 翻出正面，縫合返口，整理形狀即完成。

01 2片帽子表布正面相對車縫，裡布亦同。

02 帽子表、裡正面相對車縫帽簷處。

03 帽子翻回正面，領圍處疏縫固定。

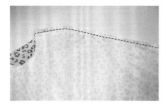

04 表布前、後片正面相對肩線車縫，裡布亦同。

05 將帽子與表衣身正面相對，後中心及肩點對齊疏縫。

06 釦環對摺4層，壓線成釦環布條。

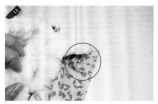

07 釦環車縫在表布右身領口下方。

返口

08 衣身表、裡正面相對沿著領圍夾車帽子，接著車縫到前襟、下襬，在下襬留返口，車縫一圈。

09 在左前身縫上釦子。

10 預裁30×7的布對摺，描出2個耳朵的紙型。

返口　返口

11 車縫耳朵並留返口，留0.5cm的縫份剪下，修剪斜角。

12 翻回正面，縫合返口，中心抓對褶。

13 將耳朵縫合在帽子上，即完成。

跳躍的毛球背心 ✻

不用縫拉鍊、不用開釦洞，兩面都能穿著，簡單到就算手
縫也可以完成的寶寶背心，很適合用不同布料多做幾件。

»» How to Make： P.72

23 貝蕾帽

濃濃法式風情，一秒有型的
風格帽型，厚的、薄的、格
子、素面、男孩、女孩，簡
直沒有極限的人氣款式。

材 料 （完成尺寸：50、52、54cm）

材料名稱	部位	尺寸	數量	備註
表布(厚棉、毛料、磨毛布)	帽頂	紙型	1	用布量 45×70
	帽簷	紙型	1	
	帽帶	紙型	1	
裡布 (薄棉、半絲裡布)	帽頂	紙型	1	用布量 45×70
	帽簷	紙型	1	
	帽帶	紙型	1	
薄布襯	帽頂	紙型	1	用布量 45×70 襯不含縫份
	帽簷	紙型	1	
	帽帶	紙型	1	
止汗帶		55cm	1	
燙貼			1	

裁 布 示 意 圖

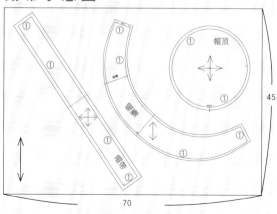

01 依材料表將所有材料齊備並燙襯。

02 將表布帽簷對摺，車縫後接成一圈。

03 縫份燙開，壓線固定縫份。

04 帽簷對齊帽頂，車縫一圈。

05 燙開縫份，壓線固定。

06 依同樣方式車縫帽子裡布，弧度剪缺口。

07 帽子裡布置入表布中，背面相對，中心、側邊記號點對齊，疏縫一圈。

08 帽帶布接成一圈，燙開縫份並壓線。

09 帽帶布與帽簷正面相對車縫。

10 以滾邊方式將縫份包縫。

11 將止汗帶對齊帽簷。

12 從正面壓線固定止汗帶。

13 整燙後即完成貝蕾帽。

14 可在前中心以燙貼做裝飾。

24 星際警長牛仔帽

帥氣十足的寬邊帽，恰似小男孩狂飆的心，放下帽簷可充份遮蔽陽光，彈性的帽帶不僅有裝飾功能，也能將帽子固定，不至於被風吹落。

材料 （完成尺寸：50、52、54cm）

材料名稱	部位	尺寸	數量	備註
表布 (厚棉、棉麻)	帽冠	紙型	2	用布量 110×30
	帽頂	紙型	1	若需取圖的布料需多預
	帽簷	紙型	2	備一些
裡布 (棉布)	帽冠	紙型	2	用布量 110×30
	帽頂	紙型	1	若需取圖的布料需多預
	帽簷	紙型	2	備一些
厚布襯	帽冠	紙型	2	用布量 110×30
	帽頂	紙型	1	襯不含縫份
	帽簷	紙型	2	薄布襯可酌情加縫份
止汗帶 (羅紋緞、人字帶)		2.5×55	1	
彈性繩		0.3×50	1	
牛角釦、雙孔釦			1	或止線器
塑膠四合釦			2 組	

01 2片帽冠布正面相對，車縫兩側邊線。

02 縫份燙開，將縫份上壓線固定。

03 將帽冠和帽頂車縫在一起。

04 2片帽簷布正面相對車縫兩側。

05 縫份燙開，將縫份壓線固定。

06 依同樣方式車縫裡布。

07 表、裡帽翻到反面，帽頂的縫份相對，疏縫固定。

08 將帽子翻回正面，整理形狀，與帽簷接縫處可以先疏縫一圈。

09 表裡帽簷外圍一圈縫合。

10 翻回正面，內圍與帽冠接縫處先疏縫一圈。

11 將帽冠帽簷正面相對套在一起，前後中心及側邊記號對齊車縫。

12 彈性繩套入釦子或止線器做成帽帶。

13 帽帶固定在帽簷左右側邊記號上。

14 將止汗帶縫在縫份上。

15 重疊處將止汗帶摺疊藏好布邊即可。

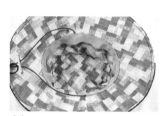

16 縫份剪牙口,整燙止汗帶以遮掩縫份。

17 帽冠側邊中心線及帽簷兩側安裝四合釦,可將帽簷扣住。

18 帽帶可拉到帽頂固定住帽簷,即完成帥氣十足的牛仔帽。

領巾式圍兜

以長方形的形式斜對摺扣合，呈現雙色效果，兩面都能使用，觸覺織帶亦有奶嘴釦帶的功能，還可當毛巾使用，一物多用發揮到極限。

»» How to Make：P.80

材料 尺寸方整、不附紙型

材料名稱	部位	尺寸	數量
表布 A (薄棉、二重紗)	表層	40×30	1
表布 B (薄棉、二重紗)	底層	40×30	1
芯布 (二重紗、三重紗)	中層	40×30	1
彩色織帶	觸覺角	10~15cm	3
塑膠四合釦	奶嘴釦		2

How to make

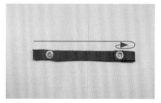

01 15cm 長的織帶釘上一組四合釦做成奶嘴釦帶。

02 3 色織帶對摺，修剪成適當的長度。

03 將織帶車縫在表布 A 的短邊上，距離右下角至少 5cm。

04 將表布 A、B 面對面疊放，底下再墊一層芯布。

05 以 4cm 為半徑，畫出兩個對角的弧度。

06 三層一起車縫，留一段返口，圓弧處要剪缺口。

07 翻回正面縫合返口。

08 在圓角處釘四合釦。

09 扣合後即完成領巾，兩面均可使用。

26 星空吊帶褲

育兒時很喜歡給寶寶穿著這種胯下可以打開的款式，換尿布及如廁訓練時真的非常方便，夏天時只要內搭一件棉 T 就立即有型。

»» How to Make：P.82

裁布示意圖

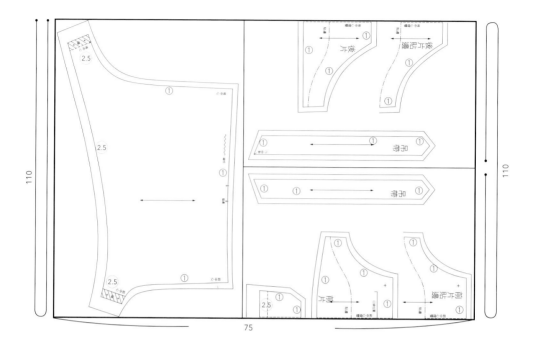

材料 （完成尺寸：80cm）

材料名稱	部位	尺寸	數量	備註
表布(棉布、二重紗、針織布)	上身前片	紙型	1	用布量 110×75
	上身後片	紙型	1	
	口袋	紙型	1	
	吊帶	紙型	2	
	前貼邊	紙型	1	
	後貼邊	紙型	1	
	褲子	紙型	2	
薄布襯	股下扣合處	1.5×8	2	
鬆緊帶	褲腳	0.8×25	2	
五爪釦	股下扣合處	0.9	4	
吊環	吊帶	3.2	2	
釘釦	吊帶	2	2	

01 口袋先摺入袋口縫份，車一道固定。再將其他邊的縫份燙好。

02 口袋車縫在上身前片記號位置上。

03 車縫前片貼邊。

04 前片貼邊翻出正面燙好。

05 車縫兩條吊帶，翻回正面後壓線，兩條的方向需不同。

06 將吊帶疏縫在上身後片上。

07 車縫後片貼邊。

08 後片貼邊翻出正面燙好。

09 將貼邊往上翻開，前後片正面相對，車縫兩側脇邊。

10 放下貼邊，在衣身上緣壓線一圈。

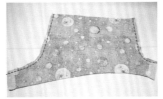

11 褲子左、右片正面相對，車縫前後的股上，並車縫布邊。

12 將股下扣合處的縫份燙開，摺入 0.5cm 的縫份。

13 再反摺 2cm 後車縫完成線，修剪重疊的縫份，前後股下依同樣方式車縫。

14 兩邊褲腳的縫份摺入。

15 車縫股下摺入的2cm，順便夾入兩邊褲腳鬆緊帶。

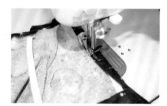

16 把鬆緊帶拉直後車縫褲腳。

17 車一段後將鬆緊帶拉出來再繼續車。

18 以相同方式車縫兩邊的褲腳。

19 褲子後片的縮份抽細褶。

20 褲子翻到反面，上衣翻到正面，套入褲子中，中心線、左右脇邊對齊，腰線車縫一圈。

21 腰圍縫份拷克後倒向上身，從正面壓線固定縫份。

22 吊帶穿入吊環。

23 將釘釦安裝在適當位置上。

24 股下安裝五爪釦即完成。

天菜大廚帽

過家家算孩子遊戲的基本款唄！無論男孩女孩都扮演過爸爸媽媽，戴上廚師帽一起來大展廚藝囉！

»» How to Make：P.86

材料 （完成尺寸：52cm）

材料名稱	部位	尺寸	數量	備註
表布（厚棉）	帽頂	紙型	1	用布量 55×60
	帽簷	20×54	1	
	釦帶	7×7	1	
薄布襯	帽簷	9×54	1	襯不含縫份
	釦帶	5×6	1	
魔鬼氈	釦帶	2.5×4	1	

How to make

01 紙型為 1/4，將布對摺再對摺成 1/4，剪出扇形。

02 剪牙口做出打褶位置及前後中心側邊的對合記號。

03 將褶份固定並疏縫。

04 釦帶布對摺，車縫 L型，修剪轉角的縫份。

05 釦帶布翻回正面。

06 帽簷布的反面燙半邊薄布襯。

07 翻到正面，將釦帶布對齊短邊，疏縫在中心線旁。

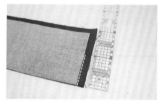

08 長邊對摺，兩端從摺雙的邊算起車縫 5cm。

09 再將兩端還沒車縫的5cm 接在一起，如圖十字相接車縫。

10 帽簷布翻回正面。

0.7cm

11 帽簷布沒燙襯的那一邊縫份燙摺 0.7cm。

12 將帽簷與帽頂正面相對車縫一整圈。

13 縫份倒向帽簷,壓線固定。

14 釦帶車縫魔鬼氈即完成。

工業風圍裙

自己及孩子們穿不下的牛仔褲該如何斷捨離，靈機一動拆開再重組成時尚的工業風圍裙，口袋位置大小隨意，褪色、磨破都不打緊，每件絕對獨一無二！

材料 （完成尺寸 110cm）

材料名稱	部位	尺寸	數量	備註
牛仔褲 2~3 件	衣身	紙型	1	牛仔褲褲腳剪下從車縫線剪開，褲腳縫份不拆開，保留車縫線
	口袋		1~3	
	頸帶	8×60	1	
皮標	口袋		1	
固定釦 (鉚釘)	口袋	6×6	4	
織帶	腰帶	2.5×75	2	
口環	頸帶	2	1	
日環	頸帶	2	11	

How to make

01 牛仔布摺雙，放上衣身紙型，下襬對齊，其他邊留 2cm 縫份剪下。

02 以鉚釘將皮標裝釘在口袋上裝飾。

03 將拆下的口袋擺放在衣身適當的位置。

04 車縫口袋。

05 上身脇邊縫份三摺邊。

06 以 30 號車縫線車縫兩道固定。

07 頸帶布四摺車縫，剪下10cm，套入口環後車縫。

08 將胸口縫份燙摺，一邊夾入口環。

09 另一段頸帶布，套入日環後夾入胸口縫份車縫兩道。

10 頸帶布與日環車縫固定，做成可以調整長度的吊帶。

11 腰帶的一端先車縫處理布邊。

12 燙摺兩邊的縫份，並夾入腰帶。

13 壓線車縫兩脇邊，即完成圍裙。

野獸派畫畫衣

孩子盡情塗鴉的同時，媽媽最頭痛的就是連衣服上也弄得五顏六色，超薄防水布做成的畫畫衣，孩子可以盡情揮灑，衣袖也保持乾淨。防水布有做覆膜處理而不易虛邊，即使不拷克布邊也無妨，可以放心大膽的製作。

»» How to Make：P.92

30 雨中精靈斗篷雨衣

這款斗篷式的雨衣考慮了各種狀況，後身活褶增加可容納書包的份量，前短後長的版型不怕上下樓梯時會踩到，反摺就可以輕鬆的收納縮小不佔空間。

»» How to Make ：P.95

材 料 （完成尺寸：100、110、120cm ）

材料名稱	部位	尺寸	數量	備註
防水布	前片	紙型	1	用布量 100-110×180 用布量 110-110×210 用布量 120-110×240
	後片	紙型	1	
	帽子	紙型	2	
	釦搭片	8×6	4	
	斜布條	2.5×50	1	
	收納袋	22×26	2	
腊繩	帽子	0.3×90	1	
止線器	帽子		2	
塑膠四合釦	衣身		8	
雞眼釦	帽子	1.3cm	2	

How to make

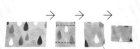

剪掉直角縫份

01 釦搭片左右對摺，上、下車縫後翻出正面，壓線備用。

02 車縫帽子後腦的弧度。

03 將其中一片的縫份剪去一半。

04 燙摺包住另一半的縫份。

05 沿著包摺的縫份邊緣壓線固定縫份。

06 在帽子前端的記號位置安裝雞眼。

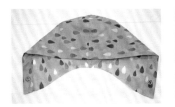

07 將縫份先摺入 1cm，再摺入 3cm，壓線車縫，做出拉繩的通道。

08 以穿帶夾穿入腊繩。

09 將腊繩的末端固定在縫份上，並從雞眼中抽出腊繩。

10 將腊繩穿過止線器，可利用線拉出。

11 在腊繩上再繫一段繩子，避免腊繩鬆脱並且好拉。

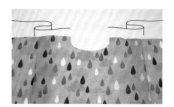

12 後片的褶份倒向中心，開口朝向袖子的方向固定。

13 縫合肩線，參考步驟3～5將後片的縫份剪去一半，並包摺處理縫份。

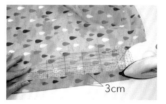

14 前片的門襟先往裡燙摺3cm。

3cm

15 將帽子與衣身表面相對，車縫領圍，前領的門襟反摺向表布包住帽子。

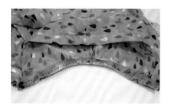

16 領圍縫份先剪牙口，從帽子這一面車縫斜布條。

17 修剪縫份後以斜布條包住縫份，並將門襟反摺回裡面，沿著滾邊條的邊緣壓線。

18 門襟下襬沿完成線車縫，剪去重疊多餘的份量。

19 整件雨衣的下襬三摺邊燙摺。

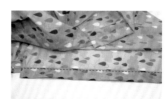

20 在門襟的邊緣壓線。

21 將釦搭片固定在袖口的記號位置上，共4片。

22 布邊向裡面三摺收邊壓縫。

23 在釦搭片安裝四合釦。

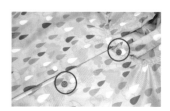

24 門襟上安裝 4 組四合釦。

25 收納袋 2 片正面相對車縫，留返口後翻回正面。

26 袋蓋朝下，放在雨衣後身的記號位置上，車縫收納袋左、右、上三邊。

27 在雨衣的後身及收納袋的袋蓋上安裝四合釦，注意方向及位置。將雨衣摺好反摺入收納袋即完成。

收納袋與雨衣結合，不會弄丟又好收。

帽子可以自由抽繩調整，防水更周密。

後身活褶且加長，
預留出背書包的空間。

釦搭片固定袖口，
不怕風吹掀開。

31 踏步走嬰兒鞋

還不會走路的小寶寶腳上需求只有保暖，穿的多半以襪子為主，滿六個月後的寶寶開始想探索世界，雖然還不會走，套上鞋子讓他習慣適應，也為踏出成長的第一步做準備！

這個階段的寶寶鞋，保暖、止滑、適應是主要的考量，真的會走時還是建議給寶寶專業、保護足弓的鞋子較合適喔！

»» How to Make ：P.100

32 芭蕾伶娜寶寶鞋

為特別的日子準備的整體造型，足下也要來個
漂亮的 ENDING。

材料 完成尺寸：11cm（約 6~12 個月適用）

材料名稱	部位	尺寸	數量	備註
表布 (棉布、二重紗)	鞋面表布	紙型	2	用布量 40×30
	鞋帶	4×20	4	
裡布	鞋面裡布	紙型	2	用布量 55×30
(棉布、二重紗、法蘭絨)	鞋底裡布	紙型	2	
止滑布	鞋底表布	紙型	2	用布量 16×14
薄單膠鋪棉	鞋面表布	紙型	2	用布量 45×15
	鞋墊	紙型	2	
薄布襯	鞋面裡布	紙型	2	用布量 45×15
	鞋底裡布	紙型	2	
美國棉 (不織布、EVA 泡綿)	鞋墊	紙型	2	比紙型縮小 0.3 一圈 用布量 15×12

How to make

01 依材料表備好材料，鞋面不需剪掉，車縫完再剪。

02 鞋帶布一端摺入後對摺再對摺，燙成長條。

03 沿邊壓線成鞋子的綁帶，修剪長度為 20cm。

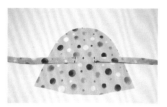

04 將綁帶如圖固定在表布的記號位置上。

05 表、裡布正面相對，車縫鞋口。

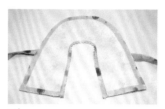

06 修剪縫份剩 0.5cm，前端弧度要剪牙口。

07 翻出正面，整燙。

08 將鞋面打開，表布對表布、裡布對裡布，車縫後跟。

09 翻出正面，可將鞋底周圍疏縫一圈。

103

How to make

01 鞋底的麂皮需事先做防滑處理，先將鞋底布裁好。

02 將防滑膠塗在套上模板的鞋底上，以刮刀刮去多餘的膠。

03 上好膠的鞋底，放置一夜備用(產品說明標示為4小時)。

04 待膠完全乾燥成透明狀即可。

05 楦頭與前鞋筒接縫。

06 前後鞋筒接縫。

07 鞋子與鞋底正面相對接縫。

08 修剪縫份，弧度剪缺口。

09 長毛絨依同樣方式接成鞋子，唯在前後鞋筒接縫時，需留一段返口。

10 表布套入裡布中，正面相對，縫合鞋口一圈。

11 泡綿修剪得比鞋底版型略小0.5cm，從返口塞入鞋底，縫合返口。

12 以錐子將鞋口車縫時被夾入的絨毛挑出，即完成雪靴。

part 3

實用布小物 & 安撫玩具

吃、玩、睡是寶寶最重要的三件事,媽媽親手做的布玩具,可以刺激寶寶的五感發育,不僅增加親子互動,也讓寶寶越玩越聰明。

01 從表布取適當大小的圖2片，夾車水波帶，車成書籤帶。

02 健保卡袋長邊對摺，下半邊燙薄布襯。

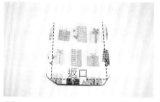

03 車縫3邊，下方留返口，並修剪四個角。

04 衛教單匣的棉布對摺，靠中心線左半邊燙薄布襯。（襯的右上角剪斜角）

05 沿襯的邊緣車縫，下方留返口，並修剪四個角的縫份。

06 將健保卡袋、衛教單匣翻回正面，如圖壓線備用。

07 表布及配色布接縫成一片。

08 依配置圖標示位置縫車縫健保卡袋、衛教單匣、書籤帶、筆套。

09 釦帶以打孔器沖孔。

10 以固定釦釘上帶扣。

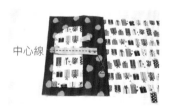

11 以固定釦釘上釦帶。

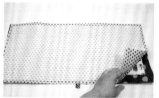

12 將裡布與表布正面相對，先車縫兩側的短邊。

13 將車縫的邊往內摺到記號線，呈工字型。

返口

14 車縫上、下兩邊，下方留返口。

15 翻出正面縫合返口。

16 將釦帶修剪成斜角，即完成寶寶手冊套。

配置參考圖：

健保卡袋

衛教單匣

健保卡放在專屬卡夾中跟手冊一起收納，健檢或打疫苗不用擔心忘了帶。

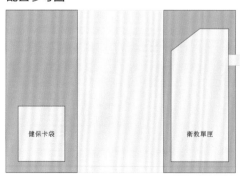

貼式夾層布可收納衛教單，不再怕弄丟。

貪吃蛇奶嘴 *
* 收納組

35

貪吃蛇這個遊戲可説是最早的手遊,也算是媽媽的童年回憶了;將蛇的造型變化為奶嘴掛帶,結合立體的收納小包,內裡為食品級防水布,再也不怕弄丟或弄髒奶嘴了。

材料（完成尺寸：4.5×7.5×4cm）

材料名稱	部位	尺寸	數量	備註
表布 A	奶嘴鍊帶	7×45	1	
	袋蓋	紙型	1	預裁 14×9
表布 B	收納袋	11×20	1	
裡布(食品級防水布)	收納袋	11×20	1	
	袋蓋	紙型	1	預裁 14×9
厚布襯	收納袋	9×18	1	
	袋蓋	紙型	1	不需留縫份
緞帶	蛇信	0.5×10	1	
織帶	釦帶	1.5×8	1	
奶嘴夾			1	
塑膠四合釦			1	
鬆緊帶	奶嘴鍊帶	1×15	1	

How to make

01 鍊帶布對摺車縫,中間需留一段約 5cm 不縫,做為返口及穿鬆緊帶用。

02 將縫份燙到中間。

03 先剪下 5cm 做為穿帶布備用。

04 剩下的鍊帶布一邊畫出弧線準備車縫;緞帶對摺備用。

05 將緞帶穿入鍊帶布中,沿弧線記號車縫。

06 鍊帶布的另一端,直線車縫即可。

07 從中間的返口翻出。

08 平的一端穿入奶嘴夾，車縫固定。

09 以返裡鉤勾住鬆緊帶。

10 將鬆緊帶穿入。

11 將鬆緊帶在距離奶嘴夾2cm處車縫固定住。

12 鬆緊帶留10cm，以同樣方式穿入鍊帶的另外一邊。

13 在距離蛇頭2cm處將鬆緊帶車固定。

14 縫合返口。

15 黏上活動眼睛，即完成奶嘴鍊帶。

16 剪下的5cm將一端車縫起來。

17 翻到正面後將另一邊的縫份燙摺進去。

18 收納袋布燙厚布襯。

3cm

19 將穿帶布兩邊車縫固定在袋口下來3cm處，寬度需可穿過奶嘴夾。

20 將袋蓋的紙型畫在襯上，剪下後燙在表布上。（缺角不用先剪）

21 表布與裡布正面相對，車縫前緣的弧線，留0.7cm縫份剪下袋蓋。

22 翻回正面，前緣壓線。

23 將袋蓋的 a 點正面對正面翻摺到前緣的 a 點，車縫一直線到邊緣。

24 整理縫份翻出正面。

25 將袋蓋的縫份對齊在袋布上，先疏縫固定。

26 防水裡布與袋布正面相對。

27 車縫上、下兩端，成一圈。

28 將袋布表布對表布、裡布對裡布，正面相對，車縫兩側的縫份，裡布留一至少3cm 的返口。

29 表、裡布分別車 2cm 的底角。

30 釘四合釦時夾入一段織帶，方便開合。

31 將奶嘴套入鍊帶，穿入收納袋，即完成奶嘴收納袋。

36 貓頭鷹 BB 玩具

貓頭鷹在歐美及台灣原住民的傳說中都是聰明、智慧的象徵，也是小寶寶的守護神，以豆豆毯做出胖胖的貓頭鷹為造型，加入會發出聲音的 BB，可以刺激小寶寶的聽覺及觸覺。

背面是絨毛豆豆毯，加強孩子的觸覺感受力。

材 料（完成尺寸：9×10cm）

材料名稱	部位	尺寸	數量	備註
表布 A	頭	紙型	1	預裁 10×8
表布 B	腹	紙型	1	預裁 10×6
表布 C	吊帶	4×10	1	
豆豆絨	背布	紙型	1	預裁 10×13
織帶	翅	2.5×5	2	
	腳	0.5×5	4	
O 環	吊環		1	
棉花	填充物		適量	
不織布	眼	紙型	2	
	嘴	紙型	1	
釦子	眼珠		2	
BB 笛			1	

How to make

01 表布 A、B 正面相對，車縫攤開。

02 在背面描出貓頭鷹的版型，留 1cm 縫份剪下。

03 表布 C 四摺後車成長條，套入 O 環對摺。

04 將翅膀、腳對摺，連同 O 環車縫在正面。

返口

05 表布與豆豆絨正面相對，車縫一圈並留返口。

06 剪下貓頭鷹，圓弧的線條需剪缺口。

07 塞入棉花及 BB 笛，縫合返口。

08 貼上眼睛、嘴，並縫上釦子做為眼珠，即完成。

37 邦妮手搖鈴

利用手邊剩下的小布組合而成的玩具，特意挑選不同材質的布料及釦環、繩帶等，增加觸感的多樣性。

材 料 （完成尺寸：5～10×20cm）

材料名稱	部位	尺寸	數量	備註
表布 A(棉布)	握把	12×5	1	尺寸可以隨意拼接
表布 B(棉布)	握把	12×4	1	
表布 C(棉布)	握把	12×6	1	
表布 D(棉布)	臉	紙型	1	預裁 12×10
	耳	紙型	2	預裁 12×7
表布 E(法蘭絨)	耳	紙型	2	預裁 12×7
表布 F(豆豆絨)	頭	紙型	1	預裁 12×10
釦子、環、珠	釦串			尺寸及大小隨意
繩或帶	串繩			
繡線 - 黑	五官			
長條型搖鈴			1	

How to make

01 挑選不同材質的布料、釦、繩，以及長型搖鈴 1 個備用。

02 將繩子穿入釦子中，修剪長度約 6~10cm。

03 將釦串綁在一起備用。

04 拼接表布 A、B、C 做成握把布。

05 對摺握把布，車縫側邊。

06 握把的一端以平針縫縮縫。

 **07** 置入釦串，拉緊縫合。

 **08** 握把翻出正面，塞入棉花及長形搖鈴。

 **09** 在表布 D 上描出兔子的頭及耳的版型。

 **10** 表布 A、B 正面相對，車縫兔子的耳朵及頭，頭只需只縫左、右邊，上、下記號點之間的位置不需車縫。

 **11** 剪下耳朵，圓弧處需剪缺口，翻回正面，耳朵下方打褶後縫合在臉布片上。

 **12** 將兔子頭與臉正面對正面套在握把上，縫合脖子一圈。

 **13** 翻回正面，從頭上的洞塞入棉花，縫合頭上的洞。

 **14** 以繡線繡出五官及表情即完成。

38 宇宙魔方互動玩具

兩片不同材質的布料組合而成的立方體，搭配色彩繽紛的觸覺材質，並加入響球，可刺激寶寶的視覺及聽覺發育，是親子互動的絕佳玩具。

材料 均為方正尺寸故未附紙型，請依以下尺寸裁剪，已含縫份 1cm。

（完成尺寸：8×8×8cm）

材料名稱	部位	尺寸	數量	備註
豆豆絨或毛巾布本體		10×26	1	完成的尺寸為 8cm
主題布	本體	10×26	1	立方，可自行增減
織帶、緞帶或布標	觸覺材質	6~12cm	適量	多色多材質，顏色
釦子、環等複合材質	觸覺材質		適量	鮮艷為主
塑膠四合釦	觸覺材質		1 組	或魔鬼氈
棉花			適量	
響球			1 個	

How to make

01 裁剪兩片不同材質、色彩的布料做搭配。

02 在背面做接縫記號，並剪牙口。

03 製作各式觸覺材質，使織帶、緞帶、布標，可直接對摺、或釘上四合釦、穿入彩色釦子或環，疏縫固定備用。

04 在豆豆絨的正面四週搭配長短、材質、顏色各異的觸覺材質，需避開牙口記號位置。

05 兩塊布方向交錯，中心點對齊，車縫重疊的一邊。

06 車到轉角處，將針插住，布轉 90 度，再繼續車縫，直到車縫成立方體，並在其中一邊留下 5cm 做為返口。

07 將棉花拉鬆，從返口處塞入。

08 塞到一半時，置入響球，再繼續填充棉花，塞到飽滿，能將響球固定在中央，但不會太硬的程度。

09 縫合返口即完成，四合釦可以將宇宙魔方釦在圍欄或推車上。

四面八方色彩鮮豔的布條、釦子、釦環…等，加上響球的聲音刺激，玩法多變有趣。

39 科學怪人安撫偶

豆豆絨做成的安撫偶，除了手腳及織帶的觸覺材質，還加入了彩色拉鍊做為怪物牙齒，不僅吸引寶寶去動手玩，還可以置入響紙，具有多重觸覺及聽覺的終極玩具。

材料（完成尺寸：9.5×19cm）

材料名稱	部位	尺寸	數量	備註
表布 A	手	紙型	1	預裁 15×10
表布 B	腳	紙型	1	預裁 22×13
表布 C	背	13×20	1	
豆豆絨	頭	13×12	1	
	胸	13×10	1	
織帶	耳	4×6	2	
	角	2×8	2	
	掛帶	1.5×20	1	
拉鍊	口	5V×13	1	
拉鍊頭		5V	1	
釦子	眼		2	
	鼻		1	
	裝飾釦		2	
響紙				容易發出聲音的塑膠袋即可

HOW to make

01 表布 A、B 對摺，描出手、腳的版型各 2 個。

02 兩片一起沿完成線車縫，車縫完再剪下手、腳，圓弧處要打缺口，手腳長度可自行修前成一長一短增加趣味。

03 翻回正面，塞入棉花。

04 碼裝拉鍊剪 13cm，頭尾需各拔掉 6 齒。

05 裝上拉鍊頭，頭尾用滾邊布包起來，並將多餘的滾邊布修剪掉。

06 拉鍊兩側車縫豆豆絨，並修剪成自己喜歡的尺寸。

07 在豆豆絨上縫合手、腳、耳朵、角及掛繩等零件。

08 背布與豆豆絨布正面相對車縫一圈，不必留返口，並拷克處理布邊。

09 若沒有拷克機，可以用包縫法處理，即背面相對車縫 0.3~0.5cm，再翻到裡面，車縫 0.5~0.7cm 一圈。

10 在正面以釦子裝飾，縫出眼睛、鼻子。

11 打開拉鍊可塞入響紙，即完成。

90 晚安 ⭐ 撫 ...

這款枕頭 ... 無及 ... 功能，
讓寶寶睡得 ... 美 ... 出的頭、
足、耳、 ... 可以 ... 可以捏，有
更多遊戲 ... 即使大一點之後不再
... 使用 ... 棒的安撫偶，繼
... 陪 ... 長大 ...

材料（完成尺寸：35×28cm）

材料名稱	部位	尺寸	數量	備註
豆豆絨 (40 ↔ ×60 ↕)	頭	依紙型	1	預裁 12×25
	足	依紙型	1	燙單膠棉
	耳	依紙型	2	預裁 13×25
	尾	依紙型	1	
	身體	依紙型	1	預裁 40×35
配色布 (25×25)	頭	依紙型	1	預裁 12×25
	足	依紙型	1	燙單膠棉
	耳	依紙型	2	預裁 13×25
	尾	依紙型	1	
主題布	身體	依紙型	1	預裁 40×35
三層紗	身體	依紙型	1	預裁 40×35
單膠鋪棉	頭、足	12×25	1	
鬆緊帶	尾巴	25	1	

How to make

01 12×25 的配色布燙單膠棉，描上頭及足部的紙型，頭的紙型要反過來描。

02 配色布和豆豆絨正面相對，注意順毛的方向，別好後一起車縫弧度處。

03 預留縫份剪下頭及足，弧度的地方剪缺口，翻回正面備用。

04 耳及尾部用的豆豆絨及配色布，將形狀畫在配色布上，正面相對別好，注意順毛的方向。

05 直接兩片布一起車縫弧度處後，預留縫份將耳及尾剪下，弧度的地方剪缺口。

06 將鬆緊帶車縫固定在尾巴的末端，鬆緊帶要留的比尾巴長，方便翻出。

07 尾巴翻出正面後，在末端 2cm 處車縫幾針固定鬆緊帶。

08 將鬆緊帶拉緊到完成長度約 10cm 處，疏縫定型。

09 將耳朵也翻出正面，完成尾巴及耳朵備用。

10 完成的頭、足、耳、尾部位。

11 主題布與三層紗四周疏縫在一起，身體的形狀描在三重紗的那一面，要接縫頭、足、耳、尾的部位，將記號轉印到正面。

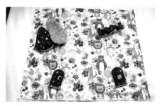

12 將頭、足、尾部有豆豆那一面疏縫在主題布的正面，注意耳朵的方向和其他部位不同。

13 主題布身與豆豆絨正面相對，注意順毛的方向，別好，車縫一圈，在肚子下方留返口。

14 預留縫份剪下安撫枕，弧度的地方剪缺口。

15 弧度內縮處，剪牙口到距離完成線 0.1cm 的地方。

16 翻回正面,整理形狀,注意豆豆絨不能熨燙。

17 畫出枕頭陷入的圓形,車縫一圈。

18 從返口塞入棉花,塞到枕頭上方約 6cm 厚、下方約 4cm 厚的程度。

19 縫合返口,即完成安撫枕。

20 兩面都可使用。

是枕頭也是安撫玩具。豆豆絨特有的組織輕觸寶貝的肌膚時,好像媽媽的撫慰,給寶寶滿滿的安全感。它不僅具有安撫的作用,還可以刺激寶寶的五感發育。